AF870507

El concurso de cocina

escrito por Kathy Furgang
ilustrado por Stan Tusan

Tabla de contenido

El concurso

Era una tarde aburrida de verano. Luisa estaba visitando a su amigo Jaime. Ya habían jugado a los videojuegos, habían dado patadas a un balón de fútbol, y habían estado buscando lagartijas en el jardín. Ahora estaban aburridos.

—Me aburro —dijo Luisa.

—Yo también —dijo Jaime—. Ojalá pudiéramos hacer algo divertido.

—Aquí tengo algo que puede ser interesante —dijo la madre de Jaime, quien leía el correo—. La fiesta del barrio es la semana que viene. ¡Habrá un concurso de cocina! Aquí dice que quieren hacer un libro de cocina del barrio con las recetas más creativas.

—¡Eso es! —dijo Luisa—. ¡Podemos inventarnos una receta! Eso sería divertido.

—¡Quiero ayudar! —gritó Tina, la hermana pequeña de Jaime, saltando arriba y abajo.

—Ni hablar, Tina. Tú no sabes cocinar. Sólo eres un bebé —dijo Jaime.

—¡No es cierto! —dijo Tina.

—¡Claro que sí! —dijo Jaime.

—Niños, dejen de pelearse —dijo la madre de Jaime—. ¿Por qué no participan todos juntos?

Jaime y Luisa se miraron. —Creo que vamos a tener problemas —dijo Jaime.

Diversión en la cocina

—Si queremos ganar este concurso tenemos que hacer algo diferente —dijo Luisa—. Quiero que los jueces se fijen en nosotros.

—¿Cómo? —preguntó Jaime.

—Necesitamos crear algo especial y delicioso que les encante a los niños —replicó Luisa.

Jaimé se puso a pensar.
—¿Cómo qué? —preguntó.

—¡Aperitivos! —sugirió Tina.

Jaime iba a mandarla que se callase cuando Luisa dijo: —No es mala idea, Tina. A todos les gustan los aperitivos, en especial a los niños. Somos niños, así que ¡debemos ser expertos en lo que gusta a los niños!

Tina estaba encantada.

—¿Vas a escuchar a mi hermana? —preguntó Jaime.

—Claro —replicó Luisa—. Piénsalo, Jaime. Todo el mundo va a cocinar algo aburrido, como sopa de verdura. ¡Pero nosotros queremos que nuestra receta sea diferente!

—¡Sí! —gritó Tina. —¡Diferente!

Luisa y Jaime buscaron por los armarios de la cocina. —¡Oh! Tengo una idea excelente. —dijo Jaime emocionado.

—Yo también —dijo Luisa poniéndose un delantal. Tina sacó varias cosas de los armarios de abajo y corrió al jardín. Cada uno se puso a trabajar en su propia receta. Crearon, midieron y mezclaron.

Los aperitivos

Minutos después, Jaime y Luisa estaban listos para enseñarse mutuamente los deliciosos aperitivos que habían creado. Jaime enseñó su creación a Luisa.

—¿Qué es eso? —le preguntó Luisa a Jaime.

—Lo llamo la Mezcla Mega Monstruosa. Es cereal de animales, galletitas saladas de pez, mantequilla, galletas de azúcar y kétchup —respondió Jaime con orgullo.

—¿Tiene que saber así? —preguntó Luisa.

—No estoy seguro —dijo Jaime poniendo cara rara.

—Bueno, aquí está mi aperitivo —dijo Luisa—. Es un sándwich de helado machacado con palomitas, mostaza, compota de manzana, lechuga y malvavisco.

Jaime miró en el cuenco. Lo levantó y lo olió.
—¡Uf! Luisa, eso no hay quién se lo coma.

Tina corrió a la cocina y puso en la mesa una pala y un cubo. El cubo estaba lleno de una mezcla de barro, hojas, piedras, polvos para limonada y mantequilla de cacahuete.

—¡*Uf*! ¡Qué asco! Tina, eso no se puede comer. ¡Ni siquiera es comida! —dijo Jaime.

—Es mío y no te lo doy —chilló Tina. Se subió a la encimera a tomar un cucurucho. Con la pala llenó el cucurucho de la mezcla que había preparado.

—A lo mejor la mantequilla de cacahuete y el cucurucho no son tan mala idea —dijo Luisa.

—¿Estás de broma? —dijo Jaime—. ¿Vuelves a hacer caso a mi hermana?

—Tomemos algunas de las cosas que hemos usado cada uno y hagamos un aperitivo nuevo —dijo Luisa—. Incluso podemos llamarlo Mezcla Mega Monstruosa. Podemos usar un cubo y una pala para servirlo en un cucurucho.

cereal de animales
galletitas saladas de pez
palomitas
mantequilla de cacahuete
malvaviscos

Hacer la receta

Los niños intentaron hacer la receta con un poco de esto y un mucho de aquello. Al final consiguieron una mezcla que a todos les parecía que estaba deliciosa. Era hora de escribir la receta para el concurso.

—No sé hacerlo —dijo Jaime—. ¿Cómo escribimos la receta? Usamos cereales de animales, galletitas saladas de pez, palomitas, mantequilla de cacahuete y malvaviscos. Hay que machacar la Mezcla Mega Monstruosa en un cubo y servirla con una pala en un cucurucho.

—Hay que explicar qué cantidad de cada cosa usar para hacer la Mezcla Mega Monstruosa —dijo Luisa—. Podemos escribirlo en fracciones.

Luisa tomó lápiz y papel.

—Dibujemos todas las tazas de comida que usamos. Eso puede ayudarnos a ver cómo escribirlo —dijo.

—La Mezcla Mega Monstruosa lleva cinco ingredientes distintos. Si usamos la misma cantidad de cada uno, hay un quinto de cada ingrediente —dijo Luisa—. Así que la receta consiste en usar un quinto de cereales de animales, uno de galletitas en forma de pez, otro de palomitas, un quinto de malvaviscos y otro de mantequilla de cacahuete. ¡Eso hace toda una Mezcla Mega Monstruosa!

—Así ni siquiera importa el tamaño de taza que uses —añadió Jaime. Sea cual sea, llevará un quinto de cada cosa, así que siempre sabrá igual.

La hora de los jueces

Luisa, Jaime y Tina se lo pasaron genial en la fiesta del barrio. Participaron en los juegos y ganaron premios. Su premio favorito fue el que ganaron por la Mezcla Mega Monstruosa. Cada uno ganó un lazo que decía "¡Primer premio! Comida más original".

—¡Tengo muchas ganas de ver su receta en el libro de cocina! —dijo el juez.